你知道与不知道的芯片

赵轲 编著

电子科技大学出版社
University of Electronic Science and Technology of China Press
·成都·

图书在版编目（CIP）数据

你知道与不知道的芯片 / 赵轲编著.—成都 ：电
子科技大学出版社，2023.1
ISBN 978-7-5770-0049-7

I.①你… II.①赵… III.①芯片－少儿读物
IV.①TN43-49

中国版本图书馆CIP数据核字（2022）第257050号

你知道与不知道的芯片

NI ZHIDAO YU BUZHIDAO DE XINPIAN

赵轲　编著

策划编辑　谢忠明　段勇
责任编辑　黄杨杨

出版发行　电子科技大学出版社
　　　　　成都市一环路东一段159号电子信息产业大厦九楼　邮编 610051
主　　　页　www.uestcp.com.cn
服务电话　028-83203399
邮购电话　028-83201495

印　　　刷　四川煤田地质制图印务有限责任公司
成品尺寸　210mm×210mm
印　　张　1
字　　数　20千字
版　　次　2023年1月第1版
印　　次　2023年1月第1次印刷
书　　号　ISBN 978-7-5770-0049-7
定　　价　26.00元

创作团队

顾问

陈德利　王忆文

儿童顾问

陈欣悦

著者

赵轲

创作人员

郝聪婷　王念慈　叶桂兰　杨一川

设计制作

吴依诺　吴佩谦　宋天豪

AR开发

苏州和云观博数字科技有限公司

AR 绘本这样用

1 微信扫描二维码，打开电子科技博物馆 AR 绘本小程序，选择社教板块。

2 扫描有 （小眼睛图标）的页面。

3 看图片、听语音，观看精彩的视频，让你全方位了解"芯片"这件了不起的发明。

姓名：罗伯特·诺伊斯
简介：美国科学家，集成电路的发明
　　　者之一。

姓名：小科
简介：6岁的小男孩，喜欢电子科技产品，
　　　对世界充满好奇，喜欢探索和提问。

序章：进入芯片世界

周末，小科正在用电脑学习，突然，电脑出现蓝屏死机，他试图重启电脑但失败了。沮丧中，他脑子里闪过一个念头：电脑为什么会死机？电脑内部到底是怎么运行的？

这时，集成电路的发明者之一罗伯特·诺伊斯突然出现，并向小科伸出手，将小科带入集成电路与芯片的世界。

电脑里面有很多集成电路，可以用它们来实现运算处理功能。

集成电路的发明

罗伯特·诺伊斯在 1958 年写出了较完善的集成电路方案，将电路中的基本元件组合到半导体硅片中。它的运算处理性能超群，而且能够实现大量生产，价格低廉。

集成电路实体往往以芯片的形式存在。狭义的集成电路，强调的是电路本身的概念，当它还呈现在图纸上的时候，我们也可以叫它集成电路；但当我们要拿集成电路来应用的时候，它通常依托芯片来发挥作用。集成电路更着重电路的设计和布局布线，芯片更强调电路的集成、生产和封装。

1959 年，杰克 · 基尔比用全手工的方式完成了第一块集成电路样品，这就是芯片的雏形啦！2000 年，杰克 · 基尔比因集成电路的发明被授予诺贝尔物理学奖。

什么是芯片

这些都是什么呀？

它们都是芯片，却各有不同。

硅片　　金属线　　晶体管

芯片的组成：硅片＋金属线＋晶体管

晶体管作为一种可变电流开关，是一种电子器件。与普通机械开关不同，晶体管利用电信号来控制自身的开合，所以开关速度可以非常快，能够适应芯片的高频率运作。

芯片的制作

芯片的制作分为设计、制造和封装。首先，专业人员设计好芯片的电路；接着，工厂照着设计图制作芯片；最后，还要给芯片安上外壳，才成为一个完整的产品。

芯片的设计分为前端和后端。前端设计就像建筑师设计建筑的概念图和功能，芯片设计师要设计逻辑、模块和电路关系；后端设计就像工程师安排钢筋和混凝土的具体结构和位置，芯片设计师要思考如何在实物芯片上布置电路。

光刻机是制造芯片的核心装备，它采用类似照片冲印的技术，把掩膜版上的精细图形通过光线的曝光印制到晶圆片上。光刻机是整个芯片产业中宝贵且技术难度最大的机器。

芯片的封装，就是为半导体集成电路芯片安装的外壳，它的作用有固定、密封、安放、保护芯片等，还可以作为沟通芯片内部世界与外部电路的桥梁。

芯片的那么多功能是怎么集中在这么小的一块芯片上的呢？

这一步相当于制作蛋糕的蛋糕胚。

切割
将硅晶柱切成圆片

晶圆
抛光后形成晶圆，成为制作芯片的底盘

硅熔炼
将沙子转化为高纯度的硅

沙子

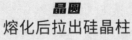
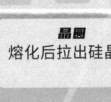

晶圆
熔化后拉出硅晶柱

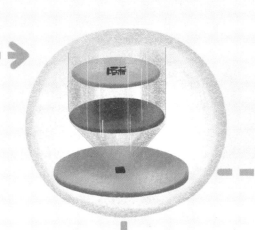

経过紫外线照射的光
刻胶变质，留下设计
好的电路图案

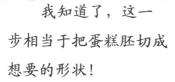

光刻
紫外线透过掩膜版照射
在涂了光刻胶的晶圆上

我知道了，这一
步相当于把蛋糕胚切成
想要的形状！

刻蚀
去除晶圆表面多余的材
料，露出一个个凹槽

显影
清洗刚才的光刻胶，
在晶圆表面留下和掩
膜版上一致的图形

炼沙成芯

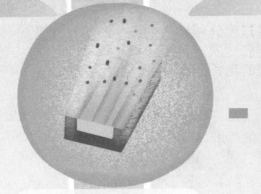

把硼或磷注入到硅结构中

之后用铜连接，形成电路

再在上面涂上胶，一般一个芯片就有几十层这样的结构

晶圆切片
将晶圆表面的光刻图形解理分开，形成独立芯片

封装
起着固定、密封、保护芯片等作用

这两步就像给蛋糕涂奶油和裱花，然后把蛋糕打包装起来！

测试

包装销售

芯片的重要性

芯片很小，但是无处不在。我们日常生活中的电子产品和家用电器中都有芯片。

小朋友，你们知道在这两个房间里，哪些物品中含有芯片吗？

15

芯片的应用

ELECTRONICS

商业

按应用场景，芯片可分为商业芯片、工业芯片和军工芯片等。它们在国民经济中也扮演着重要的角色，对国家的经济发展起着重要的作用。

军工

尾声

经过诺伊斯的介绍，小科对芯片的发明、制作、应用等有了初步的了解。他还想学习更多的芯片知识，于是，诺伊斯带他来到了电子科技博物馆，继续探索芯片的世界……

18